神奇的蒜

健康100%
增加抵抗力的
靈丹妙藥！

ALIX LEFIEF-DELCOURT 編著

陳光旭 譯

神奇的蒜 健康100% 增加抵抗力的靈丹妙藥！

作　　者　ALIX LEFIEF-DELCOURT
譯　　者　陳光旭

發 行 人　程安琪
總 策 畫　程顯灝
編輯顧問　錢嘉琪
編輯顧問　潘秉新

總 編 輯　呂增娣
主　　編　李瓊絲、鍾若琦
編　　輯　程郁庭、吳孟蓉、許雅眉
編輯助理　張雅茹
美術主編　潘大智
美　　編　劉旻旻
行銷企劃　謝儀方
出 版 者　橘子文化事業有限公司

總 代 理　三友圖書有限公司
地　　址　106 台北市安和路 2 段 213 號 4 樓
電　　話　(02) 2377-4155
傳　　真　(02) 2377-4355
E － m a i l　service@sanyau.com.tw
郵政劃撥　05844889 三友圖書有限公司

總 經 銷　大和書報圖書股份有限公司
地　　址　新北市新莊區五工五路 2 號
電　　話　(02) 8990-2588
傳　　真　(02) 2299-7900

初　　版　2014 年 5 月
定　　價　新臺幣 169 元
I S B N　978-986-364-003-5

This book published originally under the title Le L'ail malin
by Alix Lefief-Delcourt ©2011 LEDUC.S Éditions, Paris,
France.
Complexe Chinese Edition: 神奇的蒜 ©2014 by Ju-Zi Cultural
Enterprise Co. Ltd. Current Chinese translation rights
arranged through Divas International, Paris (www.divas-
books.com)

本書經由 LEDUC.S Éditions 授權出版，未經許可，不得翻
印或以任何形式方法，使用本書中的任何內容或圖片。

http://www.ju-zi.com.tw
三友圖書
友直 友諒 友多聞

國家圖書館出版品預行編目 (CIP) 資料

神奇的蒜：健康 100% 增加抵抗力的靈丹妙藥
/ Alix Lefief-Delcourt 著；陳光旭譯. -- 初版. --
臺北市：橘子文化，2014.05
　面；　公分 . -- (生活智慧王)
ISBN 978-986-364-003-5(平裝)
1. 家政 2. 手冊 3. 大蒜

420.26　　　　　　　　　　　103007899

序

抗病的靈丹妙藥

蒜是一種非常古老的農作物，從古埃及到古羅馬、古代中國到古希臘，所有文明古國的人們都把蒜用作對抗各種疾病的靈丹妙藥。大約在 5000 ～ 6000 年前，蒜已經受人重視並栽種。

蒜含豐富的胺基酸、維他命、礦物質和微量元素等人體所需的營養物質；具有強大的抗菌作用，可以預防呼吸道、腸道等感染；蒜還是良好的抗氧化劑，不僅可抗衰老，還能防治心腦血管疾病、癌症及其他病症；蒜的益生素含量也非常高，是一種難得的有益健康的食物。也因此蒜被廣泛地用於醫學、美食、家居各個方面，還可以防蟲防潮、保護綠色植物。

本書敘述了蒜的歷史、常用的蒜、食用方法，蒜在家居、美容、健康、美食幾個方面的實際妙方近 60 條，其中有很多妙方經過科學證明非常有效，卻鮮為人知的用途。

高品質的生活，需要知識來豐富，學會這些有關蒜的小常識，生活品質將會更有質量！

※ 本書功能依個人體質、病史、年齡、用量、季節、性別而有所不同，若你有不適，仍應遵照專業醫師個別之建議與診斷為宜。

contents

PART 1

歷史悠久的靈丹妙藥

蒜是一種非常古老的植物，所有偉大的文明古國，從古埃及到古羅馬，從古代中國到古希臘，人們都把蒜當作對抗各種疾病的靈丹妙藥。

它是一種難得的有益的健康食物，含有豐富的胺基酸、礦物質和微量元素等人體必需的營養素，至今，蒜已成為了世界上最為廣泛種植、也最為商業化的植物之一。

蒜之古今

早在 5000 ～ 6000 年前，人們已發現蒜，並開始作為農產品去種植。其後，蒜文化隨著遊牧民族在整個亞洲和歐洲迅速傳播，並被探險家裝在行囊中，帶到美洲大陸。今天，蒜已經成為了世界上栽種數量最多、也最為商業化的植物之一。

由於蒜的抵抗力和適應力都很強，所以它很容易適應各種氣候環境；因此，無論是在亞洲、歐洲還是美洲美食中，都能看到它的身影。

以遙遠的古埃及和古羅馬等偉大的文明古國為起點，直到今日，人們都把蒜用作對抗各種疾病的萬靈丹。小小蒜瓣，奧祕無限。

古埃及：蒜是力量、勇氣和抵抗力的象徵

埃及法老王提供蒜給修築金字塔的奴隸食用，以增強力量，提高建造效率，更快完成任務。古埃及法老胡夫甚至還讓人在他的吉薩大金字塔頂部刻了一個蒜瓣。

古希臘：蒜能增強身體的力量和耐力

古希臘士兵和奧林匹克運動員食用蒜來增強力量和耐力，無論是在戰爭還是比賽中，他們都表現得更加出色。

蒜還能消除某些有毒植物產生的有害影響。100 年後，古希臘著名的醫學家蓋倫開始使用蒜作為抗毒藥劑。

古羅馬：蒜是強力有效的解毒藥

古羅馬著名的百科全書《博物志》中，作者老普林尼（公元23～79年）寫道：「蒜具有特殊的強大性能，能夠幫助人們有效克服飲水和住所變化所帶來的不適。」比如被鼬鼠、狗或蛇咬傷，蒜也是既快速又有效的解毒藥。

 ## 中世紀法國：蒜用來預防多種嚴重疾病

人們主要是把生蒜泡在食醋中食用。同時，也會把蒜放在家中，或帶在身上，以驅除那些引起疾病的惡魔，如鼠疫、麻瘋病和霍亂。

 ## 16 世紀法王亨利四世：蒜是有效的補腎壯陽藥

亨利四世特別喜歡吃蒜，他每天都會吃蒜；因為在當時，蒜被看作是一種有效的補腎壯陽藥。

 ## 19 世紀法國：發現蒜的抗菌作用

法國著名生物學家路易‧巴斯德對蒜產生濃厚的興趣，並發現蒜的抗菌作用。

二戰期間：作為抗生素的替代品為使用

蒜的抗菌特性被人們廣泛用來消毒傷口、救治傷員，以替代抗生素。當時，俄國人將蒜視為「俄羅斯青黴素」。

現今：蒜被醫學證實具有多種功效

現代醫學對蒜的多種功效也十分感興趣。蒜已經不僅僅是一種古老的偏方，它在醫學上有益健康的功效已被許多研究所證實。全世界的科學家仍不斷探究蒜強健心血管系統和預防癌症的功效。

蒜的別稱與傳說

「窮人的萬靈丹」

千百年來，人們總用怪裡怪氣的名字來稱呼蒜：發臭的玫瑰花、惡魔殺手……等，可是也有人稱之為「窮人的萬靈丹」。

法語中萬靈丹一詞「La thriaque」，源於希臘語「thriakos」，意思是「對野獸有益的東西」，是公元一世紀時，古羅馬帝國尼祿皇帝的醫生——安德洛瑪刻發明的一種藥方。

這種妙方其組成成分包括 60 多種植物和鴉片、毒蛇肉等，既可以作為藥水、也可以作為藥膏，此後數百年，這種靈丹妙藥一直非常受歡迎。在 14 世紀，人們又用它來對抗鼠疫。雖然藥方發生了許多變化，但是法語「La thériaque」一詞卻成為靈丹妙藥的代名詞，可以用來治癒所有疾病。

而蒜，也被認為是這樣的一種解毒良藥，而且它價格低廉，因此成為了窮人的百寶丹。

蒜的傳說與迷信

自古以來，有關蒜的傳說和迷信層出不窮。傳說中，蒜可利用它極為特殊的氣味來斬惡除魔。

對抗吸血鬼

有許多說法可解釋蒜對抗吸血鬼的傳說。據某些資料介紹，吸血鬼其實是紫質症病患。暴露陽光可以使紫質症患者在血液中生成一種有毒物質，進而產生異常且不可控的暴力傾向，牙齒發紅，尖利如狼。和吸血鬼一樣，紫質症患者也被迫生活在黑暗中，只能在夜間活動，且要遠離蒜。因為蒜具有稀釋血液的功效，所以食用蒜會加劇病情並使病情反覆發作。

另一種解釋是：蒜能夠擊退蜱蟲（俗稱壁蝨、扁蝨），以及其他和吸血鬼一樣的吸血動物。還有人認為，吸血鬼之所以逃避蒜，是因為蒜稀釋了可能受到吸血鬼傷害的人的血液。在受到吸血鬼致命一咬之後，人會快速失血，並迅速死亡，然而，吸血鬼喜歡新鮮的血液，喜歡吸一個仍然活著的受害者的血。

對抗魔鬼

伊斯蘭文化中，特別有蒜對抗魔鬼的傳說。相傳墮落天使撒旦被上帝趕出天堂貶到人間，結果從他跌落人間的腳印中居然長出一株蒜。

另外，在中世紀時，還有孩子們將蒜瓣串起來掛在脖子上，祈求擊退女巫等等，對抗女巫，及對抗蛇和蠍子、對抗瘋癲和噩運、對抗暴風雨和海怪等等各式各樣關於蒜的傳說。

蒜知識

蒜的法文名字

「ail」來自於凱爾特語「all」，意思是「熱的、炙熱的、辛辣的」。蔥屬名稱「Allium」也由此而來。之所以叫這個名字，是因為它的味道辛辣，又或是補腎壯陽的功效而得名。

蒜商

在 19 世紀末，全法國的蒜商都會聚集在巴黎，出售他們的蒜。為了突顯特徵，他們總會穿著相同的衣服。後來，法語中「chandail」（粗毛絨衫）一詞，便來自「marchand d'ail」（蒜商）。

認識大蒜

蔥科大家族中的一員

蒜是一種蔥科、地下鱗莖分瓣、有刺激性氣味的植物。更確切的說，蒜屬於蔥屬，與洋蔥、大蔥、火蔥、韭菜、小蔥是一類植物。

這種可作蔬菜的植物由以下幾個部分組成：

蒜頭

實際上是植物的根，由灰白色的膜質外皮包裹，內有 10 ～ 16 枚小小鱗莖，通常叫做蒜瓣。

蒜苔

一根長莖由許多片葉子包裹著，可以長到一公尺高，並開出白色和淺粉色的美麗花朵。

蒜的組成

蒜是一種難得的有益健康的食物，它富含胺基酸、維他命、礦物質和微量元素等人體所需的豐富營養物質，特別是其中的有機含硫化合物，具有廣泛的藥理作用。

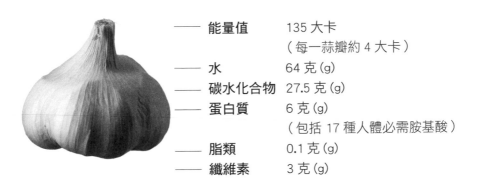

能量值　　135 大卡
　　　　　（每一蒜瓣約 4 大卡）
水　　　　64 克 (g)
碳水化合物　27.5 克 (g)
蛋白質　　6 克 (g)
　　　　　（包括 17 種人體必需胺基酸）
脂類　　　0.1 克 (g)
纖維素　　3 克 (g)

維他命

維他命 C	30毫克 (mg)
維他命 B_6	1.2毫克 (mg)
維他命 B_3	0.65毫克 (mg)
維他命 B_5	0.60毫克 (mg)
維他命 B_1	0.20毫克 (mg)
維他命 E	0.10毫克 (mg)
維他命 B_2	0.08毫克 (mg)

礦物質和微量元素

硫	200毫克(mg)
磷	144毫克(mg)
有機鍺	75.4毫克(mg)
鈣	38毫克(mg)
氯	30毫克(mg)
鎂	21毫克(mg)
鈉	10毫克(mg)
鐵	1.4毫克(mg)
鋅	1毫克(mg)
錳	0.46毫克(mg)
硼	0.40毫克(mg)
銅	0.15毫克(mg)
鉬	0.07毫克(mg)
硒	0.02毫克(mg)
鎳	0.01毫克(mg)
碘	0.003毫克(mg)

以上為 100 克蒜的組成成分。隨著品種、季節、成熟溫度和生長條件而波動。此外，蒜還含有少量的前列腺素、植物固醇、多酚、類黃酮和磷化合物。

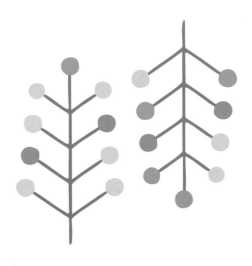

蒜的作用

蒜的作用

$$\boxed{\begin{array}{ccc} 蒜胺酸 \\ （鱗莖中） \end{array}} \quad + \quad \boxed{\begin{array}{c} 蒜胺酸酶 \\ （蒜瓣搗碎時產生） \end{array}} \quad = \quad \boxed{大蒜素}$$

大蒜素的形成

在蒜中，主要的含磷化合物是蒜胺酸，學名叫 S- 烯丙基 - 半胱氨酸亞，化學式為 C6H11NO3S，它與大蒜素不同，它沒有氣味，在完整蒜的鱗莖中。

當蒜瓣被搗碎時，會釋放丙酮酸和一種酶——蒜胺酸酶，它接觸到蒜胺酸後，後者的含量會降低，最後釋放出一股強烈的蒜味，這就是產生大蒜素的證據。

然後這種酶在空氣中迅速氧化成為二烯丙基二硫化物，為大蒜精油的主要成分。另外，該硫化物凝結後，還會生成一種叫大蒜烯（Ajoene）[1] 的物質，它是某些抗真菌軟膏或藥膏的重要組成成分。

[註]　① 大蒜烯 (Ajoene)，也稱阿霍烯，為高活性硫化物，具預防心血管疾病的功能。

大蒜素的多種功效

蒜中含有多種藥用功效的含硫化合物,其中,大蒜素最吸引科學家,也被最為廣泛的研究:許多研究探究了大蒜素的各種功效,如:對抗細菌、病毒……等等。

大蒜素具有強大的抗菌作用,其中含有的活性物質,如維他命 C、鎂和碘,可以預防呼吸道、腸道等所有感染,因此,蒜一直被譽為最佳的天然抗生素。

19 世紀法國著名生物學家巴斯德首先發現蒜具有抗菌活性,這一發現歸功於兩種特殊病毒:一種是沙門氏菌,可引起傷寒、食物中毒等病症,另一種是大腸桿菌,可引起腸胃炎、腦膜炎、敗血症和尿道感染等病症。

第二次世界大戰期間,俄國人沒有更多的抗生素供士兵用,最後只能用蒜來治療傷口和呼吸道感染,證實了巴斯德在 19 世紀時的發現。

大蒜素的功效不僅限於對抗細菌!對抗病毒、真菌、寄生蟲也非常有效。如:
· 病毒:感冒、流感、疣、潰瘍……
· 真菌:真菌感染、腳氣……
· 寄生蟲:蟯蟲、腸蟲……

為了充分發揮大蒜素的功效，最好多吃生蒜，因為加熱會破壞一部分大蒜素所含的營養物質。

? 蒜二三事

抗生素與大蒜素的抗菌能力
抗生素僅對細菌有效，對病毒無效！
臨床應用抗生素時必須嚴格掌握適應症，除了非用不可的抗生素盡量不用。不過，它們經常是處方藥，卻沒有被列為一類，這在一定程度上解釋了為什麼科學家對超級細菌（對所有抗生素都具有抗藥性的細菌）感到恐懼，並擔心產生健康危機。因此除了肯定為細菌感染者外，一般不採用抗生素。而大蒜素不僅能對抗細菌，更能對病毒產生作用，具有多種功效。

維他命和礦物質——抗氧化作用

蒜是抗氧化劑的良好來源，它含有的物質具有對抗自由基的能力，不僅可抗衰老，還能防治相關老年病，如心腦血管疾病、動脈粥狀硬化、癌症、神經系統變性病。

這些抗氧化劑以多種不同形式存在於蒜中：

維他命 E

維他命 C

多酚

大蒜素中的硫化物

硒、錳、銅等礦物質

蒜的微量元素

硒

硒對心血管疾病和某些癌症具有保護作用，動物產品含硒較高，除蒜、蘑菇和堅果外，其他水果和蔬菜含量很少。

有機鍺

鍺雖然被稱為維他命O，但是和其他礦物質相比，卻一直鮮為人知，直到20世紀七〇年代才開始受到關注。

鍺以兩種形式存在，一種是從地球上開採或人工合成製造的無機鍺，是有毒的重金屬；另一種則是從植物中提取的有機鍺，它有益健康。因此，科學實驗室和衛生部門有關人員對食物中加鍺補充營養一直猶豫不決。

至今，對鍺的研究依然很少，但是越來越多的科學家對它感興趣，正說明它具有特殊的性質。的確，鍺是一種非常強大的抗氧化劑，能夠促進細胞的氧合，因此面對細菌和病毒的侵害，對抗性更強，這使它具有重要的抗癌和抗病毒特性，增強機體的天然防禦能力。

除了蒜，有機鍺的最佳來源有：枸杞、蘆薈、人參、蛤蜊和一些蘑菇如靈芝、香菇。

果聚糖——優質益生素

蒜的另一個特點是其益生素含量非常高。這些纖維，也稱為果聚糖，目前僅在某些植物中可以找到，它們的作用是給腸道菌群和益生菌提供「食物」，促進有益細菌生長繁殖。只有維護腸道菌群平衡，才能擁有健康的身體。人體必須維護腸道菌群平衡，它可使身體：

擁有良好的
免疫系統

促進消化

排除體內毒素
改善便祕

更好地吸收
維他命和礦物質

調節膽固醇

十大富含益生素的蔬菜和水果：（按照可溶性纖維——菊糖含量排序）

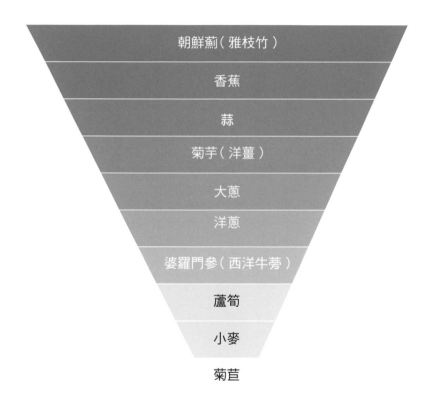

蒜的副作用與解決方法

口臭問題

蒜的最大問題是口臭，每次吃完蒜，口中都會充滿蒜味。現介紹一些小竅門可以減少口臭。

蒜造成的口臭，刷牙不會有任何效果！口臭是由於在咀嚼和消化過程中，口腔和消化道釋放氣體產生的。可能刷完牙的 3 個小時內，臭味會消失，不過之後又會立即產生。

可以吃點芹菜葉或新鮮的薄荷葉，不僅美味，而且有益健康！不過，僅吃 3 ～ 4 片葉子沒什麼用。還可以咀嚼咖啡豆、肉豆蔻、荷蘭芹和茴香。事實上，經常吃蒜，吃得越多，越不利於香味酶的形成，口中越不會有蒜味。

消化不良

某些人生吃蒜後會難以消化，導致反胃、胃脹、胃痛。如果對蒜消化不良的話，可以先把蒜用搗蒜器搗碎，讓蒜蓉殘留在搗蒜器中，只取蒜汁食用。也可以煮熟後食用，同樣易消化，不過會損失幾乎所有的營養價值！

還要注意的是，粉紅皮蒜比傳統白皮蒜更易消化。同樣的道理，嫩蒜比在廚房中儲存了幾個星期的乾蒜更易消化。

其他副作用

除了口臭、消化不良，蒜其他的副作用並不多，只有如下幾種：

一次食用過多蒜的話，會刺激胃部和小腸，每個人敏感性不同：有的人一天吃一兩個蒜瓣就會不舒服，有的人則沒事，若是不舒服，減少劑量即可。

服用蒜膠囊時採取過多的劑量，會殺死腸道中的有益細菌，如果經常服用蒜膠囊，最好食用一段時間後，停一段時間，有助於體內益生菌重建腸道菌群平衡。外用的話，用以治理疣或雞眼，可能會刺激皮膚，塗用前，可貼上 OK 繃保護好患處周圍。

蒜知識

蒜的宜忌

哺乳期可以食用蒜：

與普遍的想法相反，在哺乳期是可以食用蒜的。雖然蒜味道會傳遞到
母乳中，但是並不會影響到嬰兒，反而更促進他們吸收母乳。研究表
明，嬰兒的母親若在哺乳期食用蒜，嬰兒會更晚斷奶。

雖然蒜及其衍生物的食用，很少會對特別的人有禁忌，但是還是要弄
清楚；如遇以下情況，一次不要食用過量新鮮的蒜，一天最好不要超
過 3 ～ 4 克或一個蒜瓣以上，更不要用過量的蒜產品：

· 手術前後（由於受蒜稀釋性和抗凝性的影響）。

· 出血性疾病的情況下，已經服用抗凝血ㄜ或植物後。

· 已服用降糖藥後的糖尿病患者。

· 罕見血液疾病紫質症的患者。

PART 2

各式各樣的蒜

蒜不只一個品種，它總共近十多個品種，這些品種的區別在於生長季節、鱗莖的顏色和大小、味道、保存期限……等。蒜是一種蔥科、地下鱗莖分瓣、有刺激性氣味的植物。更確切的說，蒜屬於蔥屬，與洋蔥、大蔥、火蔥、韭菜、小蔥等是同一類植物。

蒜的分類

 按季節分類

在法國主要種植兩種蒜，它們分成不同的品種：

秋蒜

— Germidour 法國卡多紫皮蒜
— Primor 中東紫皮蒜
— Messidor 法國德隆省白皮蒜

秋天種植，夏初收穫，主要在法國南部地區。這種秋蒜具有很大的鱗莖，大概有 100 ～ 130 克重，這一類的蒜還包括紫皮蒜和白皮蒜。

春蒜

— Clédor 法國奧弗涅粉紅皮蒜
— Flavor 義大利粉紅皮蒜

晚冬或早春種植，7 月收穫。它是一種粉紅皮蒜，包著蒜瓣的蒜皮呈粉紅色，蒜頭比秋蒜小，保存時間比秋蒜長。

按顏色分類

黑蒜

在日本北部的青森縣，有一種非常特殊的蒜：黑蒜。它不是像洛特雷克粉紅皮蒜一樣的單一品種，它只是一種發酵過的蒜。這種蒜被在高純度的海水中泡過 1 個半月到 2 個月。整個發酵過程，溫度和濕度都要控制好，否則蒜會腐爛。

黑蒜既保留了柔嫩的質地，又非常容易消化，已經不再有蒜味，而帶有一點李子乾或杏子乾的味道。

黑蒜對健康有多重功效：

降低膽固醇

降血壓

治療糖尿病

促進血液循環

抗疲勞

增強免疫系統

TIPS

黑蒜可以做成醬料搭配魚料理，也可以直接食用。想嘗嘗看嗎？在日本超市，或在日本產品網站上都可以買到！

粉紅蒜

有些品種的蒜是眾所皆知的。例如，法國洛特雷克（Lautrec）的粉紅皮蒜，在 1966 年被授予「紅牌標籤」（Label Rouge），是迄今為止唯一一種被授予「紅牌標籤」的蒜。

自 1996 年開始，它還擁有受保護地理性標示（PGI）。傳說，當時有一個流動小商販在洛特雷克這個中世紀小鎮賣蒜，他沒有錢吃飯，於是就拿一些好的粉紅蒜瓣向飯店老闆換一頓晚餐，後來這種蒜被種植並迅速推廣。其他地區也有相當知名的品種，如法國卡多的紫皮蒜、亞略的熏蒜、洛馬涅的白皮蒜、奧弗涅的粉紅皮蒜和布魯塔尼地區的謝呂埃蒜。這些地區的特產大都正在申請獲得「紅牌標籤」、「AOP」②（舊名:AOC）和「IGP」等認證。

[註]　② 產地限定認證（Appellation d'Origine Protegee），簡稱 AOP，是指原產地法定保護區認證，前身是 AOC（Appellation d'origine contrôlée）。

按上市狀態分類

綠蒜（又稱新蒜、小蒜）

綠蒜也稱新蒜或小蒜，它的收穫期早，大約在 3 月至 5 月間，此外蒜瓣並未完全長好，看起來像小蔥或細長大蔥，前端是長長的白色部分，末端是大綠莖。

綠蒜使用上很方便，既可以烹飪，也可以加到沙拉或菜肴中生食。它的口味很像蒜，但又不太一樣。春天時，可以在菜市場買到。

乾蒜

菜市場和超市裡最常見的蒜，是蒜的地上部分都乾癟之後所收穫。

鮮蒜

在蒜並未變乾和垂下時所收穫,位於地上的部分稱為鮮蒜,有 2 個不同的生長階段:在第一階段,看起來像一根末端帶著綠色長莖、前端巨大隆起的大蔥,底部是鱗莖,裡面還有蒜瓣,是蒜最嫩的時期;第二階段時接近乾蒜,雖然已經沒有綠色長莖,但是外皮和莖與乾蒜比起來還很新鮮。通常在 3 月初或中旬,就可以在市場買到。

它具有獨特的味道和清甜的口感,甚至很多平時總不喜歡蒜的人,也很喜歡吃鮮蒜。嫩蒜水分豐富、多汁,非常適合做調味醬、蛋黃醬。此外,由於它沒有芽,所以整個吃下去也不用擔心任何消化問題。

蒜芽

蒜芽既能保留蒜的健康功效，又不必擔心任何消化和口臭問題。蒜芽富含維他命 A、B、B2、C 以及多種礦物質，不僅促進血液循環，而且能在冬季來臨時增強自然禦寒力。它給桌上的飯菜帶來柔和的蒜香和原始的色調。

可以在市場購買到小盒分裝的蒜芽，十分方便。不過，也可以試著自己發蒜芽，簡單好玩，又經濟實惠。要發蒜芽，先買一些塑膠袋裝，待發芽的蒜種（最好是有機的），在很多有機和天然食品商店和一些園藝場都可以買到；然後把它們拿到冰箱放 12 個小時，再浸泡 6 ～ 8 個小時，最後裝到發芽器或玻璃瓶中培養 5 ～ 7 天。

TIPS

蒜芽很適合搭配沙拉或三明治食用，也可以在煮湯或煮麵時放一些。此外也可以在烤餅上抹一點山羊起司，加幾片蘿蔔和一小撮蒜芽，新鮮、清淡、維他命豐富，是一道不錯的開胃小菜。

野蒜

野蒜，又被稱為熊蔥，是蒜的野生形式，之所以被稱為「熊蔥」，是因為傳說熊每次冬眠後都要吃野蒜來恢復體力。它是草本植物，長有長葉子，常在 2 月末或 3 月初出現在灌木叢中，被折斷後會散發出一種淡香蒜味。

常見的吃法是直接把蒜葉和新鮮的起司混合做成沙拉生吃，這樣能夠更好地獲得其中的維他命 C。幾百年來，在植物治療法中，野蒜被廣泛使用，具有淨化身體、降血壓、抗風濕、防腐敗等多重功效。另外野蒜還有助於消化，因為和蒜是同一科植物，所以它們具有幾乎相同的特性。

野蒜有許多治療功用，也有許多不同應用，如以下 4 種：

膠囊藥

可作為一種膳食補充品，主要用來防治消化系統問題、血液循環障礙、輕微的皮膚問題。

浸劑

藥效與膠囊藥一樣，可用來改善腸道菌群失調、降血壓、促進血液循環、排除毒素。用量：倒一杯水稀釋 15 ～ 30 滴，每天服用 3 次，為期 3 週。

果汁

倒一杯紅蘿蔔汁或番茄汁，每天稀釋一湯
匙野蒜汁飲用，有益健康。作為開胃酒也
十分美味。

粉末

用來烹飪，常與鹽混用，是製作酸醋調味
汁、沙拉和麵食的重要調味料。

像蒜不是蒜

韭菜

韭菜看起來像普通蔥科植物，但比洋蔥更有蒜的味道。

加拿大蒜

加拿大蒜被認為是雜草，不能食用。

象蒜

象蒜又名巨蔥，原產於中亞，是一種具有非常大的鱗莖的植物，重達 500 克，莖可達一公尺高，味道比普通蒜更甜，與蔥的味道類似。

藤蒜

藤蒜被認為是雜草，不能食用，正如其名通常生長在葡萄樹藤下，但也無處不在，在草地、在路旁都能找到。

大花蔥長出很多花，形成一個大花球，只能作
為觀賞植物，不能食用。

三角蔥開出白色的鐘狀花，釋放令人陶醉的氣
味，只能作為觀賞植物，不能食用。

粉紅蔥春天盛開時，繁花似錦，只能作為觀賞
植物，不能食用。

黃花蔥其花朵呈黃色，是一種稀有植物，只能
作為觀賞植物，不能食用。

PART 3

蒜的選購、儲存和其他產品

常常在市場中買了一整條蒜瓣又吃不完，或是不知道如何購買好的蒜嗎？本章節告訴你怎麼挑選好的蒜、將蒜的保存期限延長的好方法；另外介紹蒜所加工的各種產品及其功效！

蒜的選購與儲存

蒜的選購

要如何挑選好的蒜呢？以下介紹挑選不同蒜的小訣竅！

- **乾蒜（蒜頭）**：鱗莖要乾淨，適當充氣，摸起來結實，很白或粉紅、紅，根據品種，徹底烘乾。
- **新蒜（小蒜）、鮮蒜**：蒜頭要結實、光滑，綠色長莖質地要脆，顏色要鮮豔。

蒜的儲存

不同蒜的儲存方式

乾蒜

理論上講，在室溫、乾燥的環境下，乾蒜可以保存幾週甚至幾個月。但為什麼說是理論上呢？事實上，要實現和保持最佳的儲存溫度並不容易，如果太冷，它會發芽；如果太熱，它會脫水！

如果對家裡的儲存條件感到懷疑，最好的方法是一次只買一頭蒜，不要一下買一整條蒜辮子。要注意，不要把蒜和其他食物放到一起，以免帶有蒜味。更不要放到冰箱中，因為它會迅速吸水，變潮。

TIPS

秋蒜保存時間比春蒜更長，某些品種，如洛特雷克粉紅蒜，甚至可以保存一年。要知道，蒜的顏色越暗，保存時間越長。

新蒜（小蒜）

新蒜最好儘快吃完，也可以裝到塑膠袋中，放到冰箱保存幾天。如果有一些莖枯萎，可先把枯萎的部分摘掉再儲存。

鮮蒜在室溫、避光的條件下，大概可以儲存一個星期，若是買時還帶著葉子，可以裝到塑膠袋中放到冰箱儲存一個星期。

可保存最久的辦法是把蒜葉冷凍，先洗淨、切成小段，倒入在加滿鹽的沸水鍋中煮 2 分鐘取出，用冷水沖洗，徹底瀝乾，再用乾淨的布吸收多餘的水分，最後裝到塑膠袋中，放到冰箱冷凍，6 個月內吃完。

蒜料

用橄欖油自製的蒜泥必須放到冰箱冷藏，並在一週內吃完。事實上，因為不含防腐劑，一旦腐敗會產生有毒物質，因此要保存好，避免發生食物中毒。

同樣，泡在橄欖油裡的蒜瓣和自製的油浸漬蒜，也要放到冰箱冷藏，並儘快吃完，最好是一週內。

儲存竅門

要小心！與外表相反，蒜既脆弱又害怕打擊。以下列出幾個儲存蒜的小竅門：

- 乾蒜頭需要空氣。最好把它們掛起來或是分散在一個大盤上，留出足夠空間讓它們接觸空氣，千萬不要放到密閉空間或水分積聚的地方。
- 如果一次剝了很多蒜卻吃不完，可以把剩下的部分放到冰箱，在 2～3 天內吃完。
- 為了讓儲存蒜的時間更長，用打火機或蠟燭把蒜頭上面的毛燒掉。
- 胚芽的生長表明了蒜休眠期的結束，也代表鱗莖失去很多烹調上的調味作用，健康功效也受到影響，不過仍然可以簡單地再利用：先把蒜瓣放到土地上或花園裡，耐心等待：綠色的莖會長出，可以切碎拌到沙拉或蛋餅中食用。

更多加工儲存技術

要讓蒜的儲存時間更長，或總是有準備好的蒜可用，還有一些其他的加工儲存技術：

整顆或切碎密封	把蒜瓣去皮後，整顆或切碎密封在一個塑膠盒裡，放置在冷凍庫中，可以存幾個月。
做成蒜末	把蒜瓣去皮、用搗蒜器搗碎，平攤在盤子上，放入冷凍庫。結凍後，掰成小塊，裝到袋中冷凍。
做成醋泡蒜	取 500 克蒜，去皮，放入鍋中，加入 1 公升白醋和幾枝百里香，小火煨煮 15 分鐘，最後裝到消過毒的瓶子中。浸泡 2 ～ 3 個星期，就可以品嘗醋泡蒜了。瓶子打開後，必須冷藏。
做成蒜泥	先把蒜瓣放鍋中蒸 30 分鐘，然後去皮，加橄欖油混合，最後倒入有蓋的玻璃瓶中。

蒜的其他產品

精油、片劑、萃取物⋯⋯在商店、藥店和藥方，蒜產品多種多樣。每一種產品都有不同的功效和特殊的用法，開始探索它們吧！

 ## 大蒜精油

僅僅一小滴大蒜精油就濃縮了蒜所有的功效。和蒜相同，大蒜精油也具有特殊且持久的氣味，尤其是服用時，這令很多人反感。因此，大多人選擇服用大蒜精油膠囊。與其他的所有精油一樣，大蒜精油也應該嚴格遵照藥品說明書，控制藥品劑量，謹慎服用。

大蒜精油有助改善以下症狀：

高膽固醇血症

高血壓

血液循環問題

消化不良
胃脹胃痛

呼吸道感染

輕傷：傷口、擦傷

疣、真菌感染

家中跳蚤
和螞蟻入侵

※ 注意事項：

大蒜精油不是一種像香橙、薰衣草和菊花一樣的「軟精油」，而是一種刺激性精油，如果使用不當，會適得其反。以下幾點要特別注意：

- 女性在妊娠期和哺乳期間不能服用。

- 6 歲以下嬰兒和兒童不能服用。

- 大蒜精油對皮膚疣有很強的刺激性，因此最好不要外用，除非是用於一個小傷口、一個雞眼或一個疣，僅塗一滴於患處，周圍皮膚貼上 OK 繃，避免接觸到精油。更不要在兒童、皮膚敏感者或過敏者身上塗用。

- 若口服大蒜精油，要加入少許蜂蜜、橄欖油稀釋，或服用中性片劑。容易胃痛、胃脹的人在服用前，要諮詢醫生意見，以免大蒜精油刺激到胃部。

- 一定要嚴格遵照藥品使用説明書，一旦出現問題，要立即諮詢與芳香療法有關的專家。

 蒜膠囊

在藥店和保健食品商店，既可以找到粉末膠囊，也可以發現精油軟膠囊。事實上，蒜膠囊可依蒜的萃取物分為兩類：

標準蒜萃取物（普通蒜萃取物）

在壓碎或切碎蒜時，當蒜接觸到蒜胺酸酶後，會轉化成大蒜素，這種作用發生，而標準蒜萃取物或普通蒜萃取物表明大蒜素的潛在含量，可從膠囊的標籤了解，若上面標明「1.3% 標準化提取」，意思是：「每克粉末中蒜胺酸的含量佔 1.3%」，約 3.6 ～ 5.4 毫克。

老蒜萃取物或發酵蒜萃取物

與標準蒜萃取物相比，它的大蒜素含量較少，所以藥效較弱，藥量要加大。可選用腸溶膠囊，使其在體內自由釋放藥用成分，達到最佳藥效。同時，還可防止藥物對胃部的刺激，消除口臭擔憂。

若要防治心血管疾病，達到最佳功效，則須長期堅持服用。使用前，要仔細閱讀說明書，或詢問醫生和藥劑師，嚴格控制好藥量。

大蒜軟膏

在藥店，還出售含有蒜重要成分——大蒜烯（Ajoene）的藥膏，其主要用途是治療腳趾間由真菌感染而引起的腳氣（香港腳、腳癬）。

 ## 大蒜浸劑

蒜可以萃取，製成濃縮液體或水醇萃取物。這種藥既可以在藥店和保健食品商店買到，也可以自己製作，還可以用相同的方法，取野蒜的鱗莖和洗淨的葉子，製作野蒜浸劑。

製作大蒜浸劑步驟：

1 最好選擇有機的蒜，搗碎幾個蒜瓣後，不要去皮，裝入用沸水消過
　毒的帶蓋玻璃瓶中，裝到玻璃瓶 1/3 高處為止。

2 往玻璃瓶中倒滿蘋果醋或 40 度酒精，封上蓋子，放到陽光下浸泡
　2 ～ 3 個星期，偶爾搖晃下瓶子。

3 取出、過濾，靜置 2 ～ 3 天後，再過濾一次，倒入深色小玻璃密封
　瓶中，放到避光處保存，保存期限一年。如患感冒或流感，可以取
　15 ～ 30 滴，稀釋到藥湯中，每日 3 次服用。

蒜和蔥還存在其他形式的藥用療法，透過稀釋各自的浸劑，做成顆粒
劑、藥水、針劑、口服液和栓劑。這些產品用於治療胃灼熱、慢性支
氣管炎、風濕病和寄生蟲感染療效顯著。若有疑問，請諮詢醫生或專
業的藥劑師。

PART 4

蒜與健康

蒜可幫助身體預防各種感染，無論是病毒性感染還是細菌性感染。科學研究表明，蒜不但能有效抑制革蘭氏陽性菌、沙門氏菌和大腸桿菌，而且可以抗真菌、抗寄生蟲。在許多情況下，都可以使用蒜作為抵禦疾病的好幫手。

蒜的藥用功能

 防治心血管疾病

蒜被稱為「心血管疾病的剋星」，經常食用蒜對防治心血管疾病有顯著功效。因此，德國認證局③、歐洲植物療法科學合作組織④和世界衛生組織都認為，蒜是治療高血脂和動脈粥狀硬化很好的補充食品。

降血壓
世界衛生組織指出，蒜能夠有效降低血壓，尤其是針對中度高血壓患者。蒜能有效降血壓，原因是它有著神奇的組成成分：前列腺素、果聚糖、礦物質鉀和鎂。

 蒜二三事

低血壓患者也可食用蒜
高血壓患者食用蒜會可降低血壓，但是低血壓患者或血壓低的人食用蒜，血壓不會降低。所以，低血壓患者也可食用蒜！

降血脂
蒜有助於減低膽固醇和三酸甘油脂等其他血脂的含量。但是，在這一問題上，許多不同的科學研究結果常是互相矛盾的，因此要在適用的條件上才能成立。事實上，人們一直忽視「蒜如何發揮藥效」、「以什麼樣的形式藥效最佳」等問題。但是，有一點是肯定的，蒜當中確實含有許多有研究價值的物質，如大蒜素、維他命 B_3、大蒜烯……相信在不久的將來，科學研究會揭示其所有祕密！

擴張血管稀釋血液

蒜能使血液稀薄，擴張血管，從而起到降血壓，對抗高膽固醇血症，確保心臟正常工作的效果。

治療輕度血液循環疾病

蒜有助於治療輕度血液循環疾病。

減緩糖尿病併發症

研究表明，蒜會減緩心血管疾病的另一個風險──糖尿病併發症的發展。

［註］　③ **德國認證局**（Commission E）

德國認證局在 20 世紀七〇年代末成立，集合全球醫學、藥理學、毒理學、藥劑和草藥方面的專家。30 多年來，這個組織的成員已經評估了 360 多種植物的功效，這項研究目前被視為是世界草藥界的參考基準。

④ **歐洲植物療法科學合作組織**（ESCOP）

歐洲植物療法科學合作組織成立於 20 世紀八〇年代末，它也網羅了來自醫藥、中草藥和藥理學等不同專業的專家。

增加免疫系統能力

在愛滋病感染者中，有很多患者食用蒜，它能幫助患者提高體內白血球的數量，增強身體對抗感染和癌症的抵抗力。20 世紀八〇年代末期一項對愛滋病患者的研究顯示，經常攝取老蒜萃取物可使體內白血球數量在幾星期內恢復到正常水平。

 ## 有益於消化系統

蒜能消除影響腸道消化功能的多種微生物，除此之外，它還有許多其他有益於消化系統的功效：

- 蒜能促進腸道菌叢運動，幫助消化。
- 蒜纖維含量高，能防止腸道產生脹氣，引起胃痛、胃脹。
- 蒜能護肝，使肝臟遠離藥物、污染等諸多有毒物質。
- 蒜有潤腸通便的功效，可有效治療便祕。

據一些研究顯示，蒜可以有效預防某些消化系統癌症，特別是結腸癌和胃癌。經常食用蒜，可將這些疾病發病的風險降低 30%。

蒜的浪漫語

「早上蒜，晚上蔥，不求醫。」

—— 法國奧弗涅地區諺語

有效對抗多種微生物

蒜除了能增強免疫系統能力外,還能夠有效對抗多種微生物所帶來的感染:

耳鼻喉感染
由流感、感冒和咽峽炎引起的耳鼻喉感染,無論是病毒性還是細菌性皆有效。

消化系統感染
如最常見的病毒性腸胃炎、由細菌引起的食物中毒、由病毒引起的胃潰瘍。

更普遍的疾病
如瘧疾、非洲昏睡病,都是寄生蟲感染所引起。

皮膚問題
如真菌感染引起的真菌疾病、病毒引起的疣、小切口或傷口、牙齦感染引起的牙齦炎。

抗癌

大量抗癌科學研究與蒜的特性有關，給人類帶來了無限希望！其中幾項研究證明，食用蒜與某些癌症的發病率呈反比關係，特別是消化系統癌症。有研究表明，一週生吃 6 片蒜瓣能夠降低 30% 大腸癌的發病機率，降低 50% 胃癌的發病機率。更確切地說，是蒜所含的大蒜素這類硫化物，在許多層面上對癌症產生作用。

作為預防藥物
蒜能增強免疫系統，促進肝臟破壞和消除致癌因子，以幫助人體抵抗多種癌症：乳腺癌、皮膚癌、胃癌、結腸癌等。

作為治療藥物
蒜可以減少惡性腫瘤產生，不過目前仍需要進一步研究。從長遠來看，這些研究可能有助於大蒜素療法實行。

 蒜二三事

均衡飲食，蒜為輔助
要注意，目前並沒有確認僅吃蒜就能夠立即預防罹患癌症，更不能說，蒜可以治癒這種可怕的疾病。不過，從飲食多樣化和均衡的角度來看，它確實可以在某種程度上預防癌症。

蒜的其他藥用功效

除了防治心血管疾病、增加免疫系統能力等等上述的療效之外，蒜還具有其他的藥用功效：

抵禦自由基
蒜含有豐富抗氧化劑，能抵禦衰老過程產生自由基的破壞。

延年益壽
經常食用蒜確實可以延年益壽，許多研究證明了這種有益作用。在地中海和克里特島的料理中，蒜是烹飪中的重要配料，因為常吃蒜，這裡的百歲老人比其他地方更多。

利尿
由於鉀、鈉比例很高，以及果聚糖存在，蒜也有利尿的功效。

抗過敏
據日本最新研究，蒜還具有極強的抗過敏功效，是以抗過敏著稱的洋蔥的 9 倍，蒜的萃取物能減少 90% 接觸過敏物質後的細胞反應。

補腎壯陽
蒜具有補腎壯陽功效。法國國王亨利四世每天都要吃蒜，證明自己是真正的男子漢。過去新婚夫婦在洞房之夜會喝上一碗蒜湯，預示著生活幸福美滿。

日常保健妙用

 蒜的使用方法

經常食用生蒜對健康非常有益！但是生食蒜並不是唯一可讓蒜發揮效用的方法，還有很多種方法，比如：

大蒜膏藥　用來治療輕微的皮膚問題，強化指甲，治療痛風，緩解跌打損傷，清熱退燒。

泡蒜　吃泡蒜預防感冒。

大蒜奶　大蒜奶治療咳嗽效果顯著。

蒜蒸氣浴　　　蒜蒸氣浴可治療呼吸道感染。

大蒜油　　　　大蒜油可治療脫髮。

蒜膠囊　　　　蒜或野蒜藥物，即蒜膠囊，可促進血液循
　　　　　　　環，解決腸胃消化問題。

腹瀉、腸道感染

說　明：

　　蒜是非常有效的清腸食品，因此當消化系統因食物不新鮮而紊亂時，可以食用一些蒜。

使用方法：
生吃蒜，或服用一小片蒜膠囊。還可以服用大蒜精油，服用時要嚴格小心，可以稀釋一滴精油到一湯匙橄欖油，一起倒入麵食中食用。

TIPS
蒜也有預防腹瀉、腸道感染的功效，例如：到異國旅遊時，試著生吃一點蒜，以免水土不服而發生腹瀉，還要注意衛生，不飲用自來水、不生吃蔬菜，如：蔬菜拼盤、沙拉等。

輕微扭傷

說　明：

　　如果相信民間偏方的話，那麼在輕微扭傷的情況下，蒜也是有效的！為了證明這一點，只有嘗試。不過，有一點是肯定的：即使無效，它也不會有任何副作用！

使用方法：
蒜瓣切成兩半，在橄欖油中醃幾小時，塗抹在受傷的腳踝和手腕上，用繃帶綁緊敷一晚。

 消化問題

說　　明：

　　許多人抱怨說不能有效地消化蒜，尤其生吃時更是難以消化；但是恰恰相反，蒜其實具有促進消化的功效，它可以促進消化過程必不可少的胃液分泌，特別是在食用高熱量和高脂肪的飲食後。

使用方法：

1　醋泡蒜：在食用高脂肪的餐前或餐後，可以在蔬菜拼盤和沙拉裡加醋泡蒜。既美味，又促進消化。

2　蒜膠囊：服用蒜膠囊；若是野生蒜膠囊另外有助於緩解胃痛，促進消化（須根據生產廠商規定的藥量服用）。

TIPS

· 　如果食用蒜時搭配拌有新鮮香草的沙拉食用，如薄荷葉、羅勒葉、荷蘭芹和百里香……搭配這些香草食用，還能防治吃蒜引起的口臭。

· 　如果蒜引起胃灼熱或消化不良，大部分原因是因為沒有去掉蒜瓣中心的胚芽，或是一次食用太多份量；另外也有可能是因空腹食用而造成。

發燒

說　明：
　　要想退燒，最好的方法是洗熱水澡，但是民間偏方──蒜也很有效，可以嘗試一下。不過，要對蒜所散發出的氣味有足夠忍耐度。

使用方法：
在蒜臼中，搗碎5個蒜瓣並去皮，加入5小把帶根的荷蘭芹、1把鹽、1湯匙炭灰。把作好的蒜漿敷到手腕上，蓋上紗布和透氣膠帶，敷約2天。

感冒、鼻塞

說　明：
　　感冒、鼻塞是常見的疾病。流鼻涕、鼻塞、呼吸困難，這種感染並不嚴重，有時幾天後便自然消失，但是做蒜蒸氣浴，會加快疾病消退。雖然有效，但必須喜愛蒜的氣味！

使用方法：
小碗中搗碎2片生蒜瓣，加入2湯匙白醋和2湯匙熱開水。用毛巾沾取混和液敷在額頭上，閉上眼睛，呼吸幾分鐘冒出的蒸氣。一天2次，直到症狀緩解。

 呼吸道感染

說　　明：

　　在冬季，呼吸道感染非常頻繁，無論是像感冒等相對溫和的感染，還是像流感、支氣管炎等更為嚴重的問題，蒜都是一種清潔呼吸道並幫助身體痊癒的良藥，它能加強人體自然抵抗力，具有良好預防性。因此，在初冬或流感疫情來臨時，可服用蒜來防治呼吸道感染，無論是泡蒜還是蒜湯，可以按照自己的偏好選擇食用方式。

預　　防：

可服用蒜膠囊3個月，或者在冬天經常吃些蒜瓣。

治　　療：

去皮、切碎2顆蒜，裝到碗裡，放在通風佳的環境下。也可以往裡滴2～3滴精油，如桉樹精油、胡椒薄荷精油。

其他治療方法：

1 蒜蒸氣：先煮沸250毫升的水；4～5個蒜瓣洗淨、去皮、切碎，放入沸水中。用毛巾沾取熱水敷在額頭上，蒸5分鐘左右，可用2～3滴大蒜精油代替新鮮蒜。

2 大蒜肉桂湯：煮沸250毫升的水。加入1根肉桂棒和2個去皮、搗碎的蒜瓣，燜20分鐘。之後再根據口味，加入一點蜂蜜或檸檬汁，趁熱服用，一天2～3次，直到症狀消失。

3 蒜浸劑：取15滴野蒜浸劑，稀釋在一杯水中服用，每天3次，服用3週。蒜浸劑的作法可參考第51頁。

咳嗽

說　　明：

　　可以在早晨空腹時，吃一枚生蒜瓣，先咀嚼再吞嚥，雖然在起床時這樣吃蒜令人難以下嚥，不過確實非常有效！

使用方法：

1 大蒜牛奶：為了緩解乾咳，大蒜牛奶是最有效的偏方之一，唯一不足之處是，要習慣它的特殊味道。先把 1 顆蒜去皮、切片，在 1 個小鍋裏煮沸 125 毫升牛奶，加入蒜片再煮 2 ～ 3 分鐘，最後加入 1 湯匙蜂蜜即可。趁熱飲用，如有必要可一天飲用數次。

2 大蒜湯：放 3 個蒜瓣到 250 毫升沸水中，用小火煮 1 個小時即可。適於飯前飲用熱湯。

 糖尿病

說　　明：

　　研究表明，動物食用蒜特別具有降血糖作用，也就是說它可以降低血液中的血糖水平，但尚未有實驗可證明對人體有效。不過簡要來說，蒜並不是直接對糖尿病產生作用，而是透過其具有的抗氧化性和抗炎性來發揮作用。

使用方法：

飲食中加入一些蒜，生吃非常有益健康！

 喉嚨痛

說　　明：

　　喉嚨是細菌進入人體內的通道，即使是簡單的喉嚨痛也可能會引起感冒、咽炎和流感等其他疾病，所以，一旦喉嚨感到疼痛，可以採取大蒜自然療法，但一定不能拖延。

使用方法：

取6個蒜瓣，加入2湯匙蜂蜜，再取半個檸檬，擠入檸檬汁，攪拌均勻。服用時，取1茶匙藥漿，慢慢服下，使其在喉嚨處融化，一天服用數次。

TIPS

這種 100% 純天然且有效的民間療法可代替藥局中的藥片食用。

 蚊蟲叮咬

說　　明：

　　依靠蒜的抗菌性，蒜能有效緩解蚊蟲叮咬，消毒止癢。

使用方法：

蒜瓣切成兩半，輕輕塗於被叮咬部位。

TIPS

若被蜜蜂、黃蜂和虎頭蜂等蜂類螫傷，一定要先取出蜂刺，再用蒜瓣擦拭。

心血管疾病、膽固醇

說　明：

　　由於蒜能有效控制多種心血管疾病的發病風險，如膽固醇過高、高血壓、血管和動脈問題，可說是心血管疾病的剋星。每天在飲食中加入一些蒜食用，是預防心血管疾病的好方法。

使用方法：

- 每天吃 2 片蒜瓣，最好是生吃，能有效利用其功效。
- 每次 1 滴大蒜精油，每天用 2 次，2～3 星期後，也有同樣功效。
- 取 1 滴大蒜精油，滴到 1 湯匙橄欖油中，然後用拌勻的蒜油拌麵、拌沙拉，既美味可口，又有益健康。
- 服用蒜膠囊，服用前也要閱讀說明，控制劑量。

TIPS

使用大蒜精油時，要仔細閱讀包裝說明，嚴格注意劑量，因為它是一種作用很強的產品。

 高血壓

說　明：

　　世界衛生組織指出，蒜能夠有效降低血壓，尤其是針對中度高血壓患者。

使用方法：

蒜應該成為日常飲食的一部分，合適的量是：每天2個蒜瓣，盡量生吃。

TIPS

食用蒜，甚至經常食用，也絕對不能代替適當的醫學治療，特別是那些患有嚴重高血壓的人。

 牙痛

說　明：

　　不管是齲齒、神經發炎或膿瘡，牙痛可能因為許多不同原因造成，但是疼痛始終是一樣的，只是程度不同。牙痛時諮詢牙醫是必不可少的，不過在此之前，可以用蒜來緩解疼痛。

使用方法：

・　取 1 小塊新鮮蒜粒堵住壞牙的空洞，或把整個蒜瓣貼於疼痛部位，直到疼痛消退。

・　搗碎 1 片蒜瓣，榨出蒜汁，用棉花棒塗於疼痛部位。

・　咀嚼 1 片蒜瓣，但要小心口臭。

痤瘡、面皰（俗稱粉刺、青春痘）

說　明：

　　痤瘡是一種皮膚性炎症，特點是皮膚長出面皰和黑頭、囊腫等症狀，常見於青春期青少年，很多成年人也有痤瘡。這種炎症主要是因皮脂堆積，堵塞毛孔，導致細菌繁殖。

　　由於蒜具有殺菌和抗菌功效，它有助於防止重複感染，加速瘡疤癒合，必要時，還要請醫生加以醫學治療，並採取安全適當的衛生措施。

使用方法：

- 經常食用生蒜，或服用蒜膠囊。
- 把 1 片蒜瓣切成兩半，在瘡疤上輕輕摩擦。

TIPS

- 要注意，蒜瓣直接摩擦瘡疤會刺激皮膚，所以只對被感染的大瘡疤塗擦，要是皮膚感到一股強烈的灼燒感就要立即停止此療法，避免進一步刺激皮膚。

- 很多時候痤瘡和面皰是由於不注意衛生習慣而造成。為了保護好皮膚，一定要注意飲食，少吃油膩、過甜的加工產品和垃圾食品，多吃水果、蔬菜和富含 Omega-3 脂肪酸的食品：如植物油，還有金槍魚、鮭魚、沙丁魚、鯡魚等魚類。

濕疹

濕疹常見於兒童，對患者的日常生活來說十分困擾。蒜是濕疹常用藥物，但是如果皮膚已經發炎，會對皮膚有很強刺激性，所以應僅用於濕疹部位。

使用方法：

兩片蒜瓣去皮、切碎，在鍋中煮沸 250 毫升的水，加入蒜片煮 5 分鐘，過濾、冷卻降溫。用棉花棒沾取塗抹於患處，每天 2 次，直到症狀改善為止。

 唇皰疹

說　明：

　　唇皰疹出現在嘴唇上，但並不是簡單的小瘡疤，它們是由單純皰疹病毒 (HSV) 引起的一種病毒感染。很多人體內都有單純皰疹病毒，只不過病毒多處於「睡眠狀態」，未被喚醒。可是有時因為陽光、壓力、發燒、感冒等原因，體內病毒會活化，引起一系列皰疹、瘡疤出現。

　　雖然感染後很不舒服，不過通常幾天內它便會自動消失。但即使如此也不能忽視這種感染，因為它具有極強傳染性。為了幫助身體抵禦這種病毒，並更快癒合，把蒜用於患處，是一種普遍而有效的方法。

使用方法：

當皰疹出現時，立即取半個蒜瓣輕輕擦於患處，一天塗抹數次，直到症狀消失為止。若塗抹後開始發癢，則說明十分有效！

TIPS

每次塗抹時，都要換 1 個新蒜瓣，不要重複使用。

雞眼

說　明：

　　蒜可作為雞眼藥，用來消滅手足上的雞眼和老繭。由於蒜中含有特殊成分，因此無論是直接外用、口服，還是用作精油，都可幫助燒掉角質層、去除老繭，如同在藥局買的雞眼藥膏。

　　但是要注意它們的藥效都有限，無法徹底根治雞眼和老繭，所以只能短期使用，若實在無法忍受它們，那麼就要去諮詢醫生了。

使用方法：

- 蒜瓣去皮、切碎後塗於患處，再貼上 OK 繃或透氣膠帶，保持一晚。如有必要，可反覆塗抹，堅持 2 ～ 3 星期。
- 蒜瓣切成薄片，直接貼到患處，貼上 OK 繃或透氣膠帶，以防蒜片脫落。如有必要，需反覆塗抹。
- 用棉花棒沾取 1 滴精油直接塗到患處。如果是敏感性肌膚，不要用純精油，把 1 滴精油在 1 ～ 2 滴植物油中稀釋後再使用，如：橄欖油、葡萄籽油。

TIPS

蒜會刺激皮膚，尤其是本身就很敏感的皮膚，所以為了保護患處，最好在其周圍塗少許植物油或貼 1 塊透氣膠帶。

疣

說　明：

疣是由人類乳突瘤病毒 (HPV) 感染而引起，以細胞增生反應為主的一類皮膚病。因為蒜具有抗病毒特性，所以無論是生蒜，還是大蒜精油，都可以有效治療疣。

使用方法：

- 1 片蒜瓣去皮、搗碎成泥。把蒜泥敷於患處，貼上 OK 繃或用紗布來固定住。
- 蒜瓣切成片，直接貼於患處。到痊癒可能需要 2～3 星期，期間要定時換藥。
- 用棉花棒沾取 1 滴大蒜精油，直接塗於患處。如果皮膚敏感，不要用純精油，把 1 滴精油在 1～2 滴植物油中稀釋後再使用，如：橄欖油、葡萄籽油。

TIPS

蒜本身會刺激皮膚，尤其是已經過敏的皮膚，務必用少許油或 1 個 OK 繃保護患處周邊區域。

真菌病、腳氣（俗稱香港腳）

說　明：

　　真菌病是由真菌引起的感染，例如常見的「腳氣」就是一種真菌病，是腳趾之間的皮膚感染。之所以稱其為「腳氣」，是因為它大多是由赤腳在潮濕的環境下而感染，如更衣室和游泳館，這些地方特別適宜紅色毛癬菌和鬚毛癬菌等病原菌滋生。

　　一旦患上腳氣，很難治癒，因為這些真菌具有抗藥性。不過幸運的是，蒜憑藉其抗細菌和抗真菌的特性，對治療腳氣很有幫助。

使用方法：

- 取 1 滴大蒜精油滴到感染腳氣的腳趾間或其他患處，如果皮膚非常敏感，最好先把精油滴到 1～2 滴橄欖油或葡萄籽油等植物油中稀釋，再擦於患處。
- 選用濃度為 1% 的大蒜烯（大蒜萃取成分）軟膏或藥霜，並諮詢醫生意見。
- 直接取切碎的半片蒜瓣或蒜末擦於患處，不過要注意，可能會刺激皮膚。
- 經常食用新鮮的蒜，透過飲食來預防和治療真菌感染很有效。

白色念珠菌病

說　　明：

　　白色念珠菌是一種在體內自然產生的真菌，但有時由於過度使用抗生素、過多甜食、壓力過大……等各種因素，它便會失去控制，迅速繁殖。

　　這種真菌對健康的影響是多方面的：極度疲勞、經常胃痛、情緒低落、易怒、記憶力減退、真菌感染、皮疹、皮癢、腹脹、便祕、關節痛、腹瀉、咳嗽、鼻炎、過敏、食物不耐症等症狀。很多人從來沒有聽說過這種真菌，但是在生活中每一天，幾乎每個人都可能會被感染！不過只要在日常飲食中加入蒜，便可以消除這個煩惱。

抗生素　　　　　過多甜食　　　　　壓力過大

使用方法：

食用生蒜或作為膳食補充品，蒜能夠有效打擊這種真菌。

排毒

說　明：

　　排毒對於淨化、恢復身體狀態至關重要。由於人體會在冬天累積更多毒素，所以排毒最好在早春進行。其原理非常簡單，透過食物和飲料的攝取而刺激毒素從體內排出。

　　排毒清體的原則是：在一段時期內，多吃新鮮水果和蔬菜，少吃高脂肪、高熱量食物。蒜含有多種組成成分，是一種極佳的排毒食品，就像朝鮮薊、長羽裂蘿蔔一樣，幫助清理體內各種有害物質如鉛、汞和毒素，並利用其抗菌特性，淨化腸道。

使用方法：

· 服用 1 個月蒜膠囊或野蒜膠囊，並同時搭配多樣化的均衡飲食。

· 取 15 ～ 20 滴野蒜浸劑，稀釋到 1 大杯水中，每天飲用 3 次，連續飲用 3 個星期。

摔傷、割傷、擦傷

說　明：

　　蒜是非常有效的殺菌消毒劑，因為它能徹底消滅細菌，對在作飯、修建花園不慎受傷流血……等日常生活中的小傷口非常有效。

使用方法：

- 把蒜瓣切成兩半，塗於傷口處，吸收幾分鐘後，用清水沖洗，扔掉蒜瓣。
- 在傷口處滴 1 滴大蒜精油，注意：1 滴足夠，千萬不能多！

TIPS

如果傷口靠近眼睛和黏膜，或者皮膚非常敏感，不要使用刺激性高的精油！

 蒜的浪漫語

「一個男人坐在床邊；

吃過蒜和蔥，只與妻子做愛一次；

再多吃一倍的蒜和蔥，第二天，會和妻子做愛三次。」

痛風

說　　明：

　　痛風是因血液中過量的尿酸結晶形成尿酸鹽（痛風石）而發病，這可能與過量食用肉類、動物內臟、乾肉、鯡魚等魚類、啤酒等酒精有關；也有可能由特定藥物、腎臟問題、遺傳問題和壓力造成。

　　痛風的症狀主要表現為關節疼痛，一般發生在腳的大拇指，有時也發生在腳踝或膝蓋，關節腫脹變紅。蒜中含有的大蒜素有助於分解結晶體；因此，建議痛風患者定期食用蒜，或是經常用蒜敷於患處。

　　每餐飲食中加一些蒜，最好生吃。但要注意，一定要戒掉上面提到的那些可能引起痛風的食物，食用蒜才會有功效。

使用方法：

大蒜膏藥作法

洗淨、去皮蒜瓣 3 個，放入去皮並煮熟的馬鈴薯。然後用叉子搗碎；把馬鈴薯蒜漿敷於疼痛部位，並用紗布包紮，放置一晚。重複敷一段時間，直到疼痛消失為止。

 抗衰老

說　　明：

膽固醇、心血管疾病、高血壓、血液循環系統問題等，
這麼多問題和疾病會伴隨著年齡增長而出現。但是有個好消
息：蒜針對以上所有情況，都具有一定功效！

憑藉其豐富的抗氧化劑大蒜素、黃酮類化合物、維他命
E 和 C、礦物質，它可以幫助對抗衰老進程中產生的自由基
帶來的破壞性影響。此外，它還能有效地保護大腦。幾千年
來，在華人社會，它一直被譽為對抗大腦衰老的良藥。

大蒜素　　　　黃酮類　　　　維他命 C
　　　　　　　化合物

維他命 E　　　　　　礦物質

使用方法：

在日常飲食中加入蒜。

TIPS

千萬別等到衰老再享受其健康功效，是沒用的，馬上開始吧！

血液循環不暢

說　　明：

由於缺乏體育鍛鍊、不良的飲食習慣、體重超標、長時間站立或坐著、吸煙、脊椎問題、穿緊身衣物等原因，經常導致血液循環不暢，甚至造成了下列問題：踝關節腫脹、雙腿沉重、抽筋、發麻、靜脈曲張、痔瘡，還有一些更嚴重的情況，靜脈炎（靜脈壁的炎症）、動脈粥狀硬化等。

因此，一定要注意血液循環問題！為防止這些疾病，特別建議常食用蒜。

使用方法：

- ‧ 經常食用生蒜。
- ‧ 採取膳食補充品的形式食用：蒜膠囊、蒜浸劑等。

蒜的浪漫語

沒有慾望時，蒜能幫你助興；

女人們，你們懂的；讓你的丈夫像炭一樣燃燒；

也給你帶來更多的歡愉；他在你的床邊愛撫……

——17 世紀醫學著作節錄

PART 5

蒜與美容

蒜不只在家務及健康方面可以大顯身
手，對於身體保養也很有助益，可以
進行頭髮護理、口腔護理和手部護理。

頭髮護理

許多化妝品品牌都在研究蒜對頭髮的功效，因為蒜確實是一種很好的護髮劑，它具有抗細菌的特性，能有效清潔頭皮，去除頭皮屑。

它還透過刺激微循環，增強頭皮活力，促進頭髮生長，幫助緩解脫髮，最後使頭髮重新煥發活力和光彩。

 自製蒜護髮素

在商場裏，很多護髮素、去頭皮屑護理液和防脫髮護理油的成分表上，都含有蒜。當然也可以自己用蒜來做頭髮護理。

> 材　　料：蒜瓣5片、橄欖油50毫升
> 作　　法：
> 1 製作防脫髮護理油：先洗淨、去皮、切碎蒜瓣，做成均勻的蒜泥漿。
> 2 再加入橄欖油，混合拌勻，在室溫下放置1～2天完成。
> 使用方法：
> 3 作好後把這種油塗在頭髮上，形成「髮膜」，並按摩頭皮。
> 4 半小時至1小時後，用清水和洗髮精沖洗乾淨。
>
> ### TIPS
> 頭髮洗好後，還可以在頭髮上噴點醋和薰衣草精油，頭髮立即變得閃亮！也可以去除蒜持久的異味。平時也可經常搭配服用蒜片，護髮功效更佳！

口腔及手部護理

自製蒜漱口水

很難想像，蒜居然是口腔衛生最好的盟友！由於蒜具有抗炎性和抗菌性，它能防治口腔中許多因不衛生而產生的小毛病，如口腔潰瘍、齲齒、膿腫、牙齦炎等。為了防止口腔潰瘍和牙齦炎，可用蒜水漱口。

材　　料：蒜瓣3片、白醋250毫升
作　　法：
1 先洗淨、去皮、搗碎蒜瓣，倒入白醋，醃一晚上即可。
2 每天取 1 湯匙漱口，能有效殺滅侵害口腔的各類細菌。

TIPS
先用蒜漱口水漱口，再用牙膏刷牙，口氣將會非常清新！

防治指甲變脆偏方

指甲變脆、失去光澤、或長得不夠快時塗上蒜，這是一個民間偏方，已經被一代一又一代人證明並使用。

作　　法：
1 每天晚上，切半枚蒜瓣反覆擦拭指甲，擦 1 個星期。

給指甲做按摩

作　　法：
1 用橄欖油提供營養，用檸檬汁清洗、給指甲做小按摩。

PART 6

蒜與美食

蒜有多種口味，可以烹飪許多美味佳
肴，除了認識蒜與其功效，本章節教
你如何輕鬆烹飪各式各樣的蒜！

烹飪技巧

 乾蒜

輕鬆調整蒜味

愛吃蒜的人十分喜愛蒜所散發出來的味道，但並不是每個人都喜歡。
你知道嗎？有一些竅門，可以隨意調整蒜味道的強烈！

使蒜味更濃重	先用菜刀把蒜拍碎、去皮，再將它們放到搗蒜缸裏，將蒜瓣搗成不同程度的泥狀，加一點點食鹽。做好的蒜泥不僅味道更強烈，而且具有溫中消食等多種功效。
使蒜料口味略重	把蒜瓣剁碎，做成蒜料。
使蒜料口味甜淡	將蒜切成小薄片食用。
使蒜味減輕	食用前，先把完整的白皮蒜放到冷水中浸泡 1 小時。

主菜的佐料

煮菜時加幾片蒜瓣，不僅菜會變得更香，而且便於食用前把它們挑出。
尤其是製作烹調肉類的醃泡汁，蒜是最佳佐料。

使菜中有蒜香

要使菜中帶有淡淡的蒜香，可以先把蒜瓣切成兩半，然後用蒜瓣在盤
子上塗擦。用擦過的盤子盛裝馬鈴薯和羊腿，味道更加鮮美。

炒蒜的技巧

生吃蒜是最有營養、最理想的吃法，不過當熟食吃也很好。例如在炒
蔬菜時，可以一起加入蒜和橄欖油，需要注意的是，要慢慢翻炒，讓
蒜漸漸變色而不燒焦，因為燒焦的蒜不僅有毒，而且會破壞菜的味道。

帶皮烘烤

買來的蒜不要剝皮，放到菜肴中並加入一小杯水，一起放到烤爐中烘
烤。這個方法非常適合用來熏羊腿、烤雞肉和其他烤肉。

除去蒜澀味

除去每個蒜瓣中心的胚芽，能避免小芽使蒜瓣苦澀，難以消化。

TIPS

· 　浸泡過的蒜剝起皮來也更加容易。
· 　在烹調過程中，蒜的味道也會進入菜肴中，要讓菜中帶些淡淡的蒜香，應
　　該用未剝皮的蒜！

輕鬆剝皮

在溫水中浸泡蒜 10 分鐘，這樣剝起來更容易，蒜皮能自然地脫落！
如果浸泡 1 小時，也會減輕蒜的味道。

炸蒜味薯條

為了讓薯條的味道更好，可以在炸薯條的油鍋中加入幾片蒜瓣。

烤蒜瓣

蒜平切成兩半，去掉頂端，放在一個小烤盤中。在蒜上塗少許油，
在烤盤中倒一點肉湯，把整個盤子放入烤箱，設在 6 檔，溫度調到
180℃，烘烤 45 分鐘，適當地把燒烤汁澆到蒜上，並在烤到一半時，
在盤子上鋪一張鋁箔紙，以防蒜乾掉。

為了更好地品嘗蒜，只要用一個小勺子挑起這個蒜瓣，保持蒜的原汁
原味。也可以把烤蒜瓣在烹飪時加入到肉中，如羊腿等。

妙用搗蒜器（壓蒜器）

搗蒜器這種聰明的小工具讓你眨眼之間做好蒜泥。如果你愛吃蒜，那
麼這個工具一定必不可少。也可以用研磨器（蒜臼和棒槌）來做蒜泥。
為了更好地搗碎，可以添加少許食鹽。

去除蒜味

使用下列這些好方法，可以有效地幫助去除餐具和手上的蒜味：

· 　用冷水洗刀，不要用熱水。

· 　清洗菜板時，先用粗鹽搓，再用清水沖洗。

· 　去除手中的蒜味，先用新鮮的荷蘭芹或者檸檬汁塗抹在手上，再
　　用清水沖洗。

其他蒜類的烹飪技巧

鮮蒜

保留鮮蒜的葉子，完整烹飪：鮮蒜的葉子像蔥，瓣像乾蒜瓣，不需去芽，因為它沒有芽。

小蒜

小蒜像大蔥或小蔥一樣，即可生吃，也可做菜。切成蒜末，撒到煎蛋餅、烘烤食物或其他做好的蔬菜上。加到肉湯中，口味更好。

食譜：番茄起司蒜泥沙拉、小豌豆起司蒜泥麵
　　　　蒜蓉奶油火腿蛋糕

野蒜

野蒜既可以像炒蔬菜一樣烹飪，也可像切小蔥一樣，把它切成薄片，當做調味品。

也可把蔥頭和蔥葉一起烹飪食用，也可做成沙拉、湯、香蒜醬和起司蒜泥，搭配菠菜食用，味道也很好。

食譜：野蒜湯、野蒜泥、野蒜醬

? 蒜二三事

脫水大蒜和凍大蒜
脫水大蒜，通常是罐頭包裝；凍大蒜，不僅較好地保存了蒜中的營養成分，而且蒜味十足。凍大蒜方便保存，即食即取，可先從冰箱中拿出來一些，加到菜中，再迅速將它們放回冰箱，以免融化。

PART 7

大蒜食譜

蒜可以烹飪許多美味佳肴，不只可以
做醬料和調味料，還可以做開胃菜及
配菜主菜，讓你大展廚藝。

開胃菜

除了特別說明外，以下所有菜譜都選用一年四季都能買到的乾蒜烹調。
如果選用新鮮蒜也很好，因沒有芽，若用新鮮蒜烹調就不需要去芽了。

 羅勒葉醃蒜瓣 4 人份

材　　料 ：蒜 2 個（盡量用大蒜瓣）、羅勒葉適量
佐　　料 ：橄欖油、黑胡椒 1 茶匙，白醋 12.5 毫升
作　　法 ：

1

剝開蒜並去皮。

2

在鍋中加入醋、剝
好的蒜瓣和鹽，待
鍋燒開後，關火燜
約 15 分鐘。

3

瀝乾蒜瓣，放到玻
璃瓶中，加羅勒葉
和黑胡椒，澆上橄
欖油，封罐放冰箱，
靜置 1～2 天完成，
一週內要吃完。

TIPS

羅勒葉醃蒜瓣蒜香甜淡，可做開胃菜。

野蒜泥 **4**人份

材　　料：新鮮起司 200 克、野蒜 3 片、洋蔥 1 個
佐　　料：鹽、胡椒粉適量
作　　法：

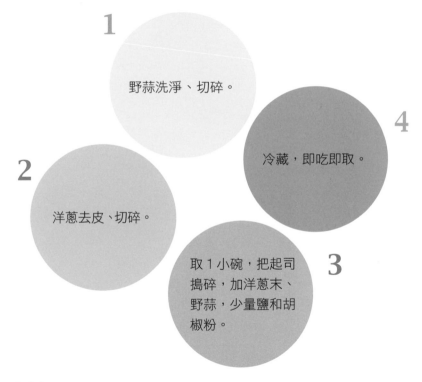

1 野蒜洗淨、切碎。

2 洋蔥去皮、切碎。

3 取 1 小碗，把起司搗碎，加洋蔥末、野蒜，少量鹽和胡椒粉。

4 冷藏，即吃即取。

TIPS

這種野蒜泥最適宜搭配烤麵包塊作為開胃菜，味道絕佳。如果偏好清淡口味，可以用白起司代替新鮮起司，並搭配水煮或蒸馬鈴薯，吃起來口感更滑順。

蒜香蘑菇堡 4 人份

材　料：巴黎蘑菇 12 個、蒜瓣 2 個、荷蘭芹 1 小把
　　　　麵包心（麵包內部的柔軟部分）100 克、洋蔥 2 個
佐　料：鹽、胡椒粉適量，蛋黃 2 個、橄欖油 2 匙
作　法：

1
烤箱預熱至 180℃。

6
將作法 5 拌好的餡包到蘑菇帽中，淋上 1 匙剩餘的橄欖油，放入烤箱。

2
蘑菇去蒂、洗淨，將蘑菇蒂頂端剁碎。洋蔥和蒜瓣去皮、切片。

7
烘烤 10 ～ 15 分鐘；每隔幾分鐘，淋上一點方法 5 翻炒留下的醬汁。

5
蘑菇餡、荷蘭芹末、碎麵包、蛋黃，攪拌均勻，撒鹽和胡椒粉。

3
1 匙橄欖油入鍋中燒熱，加洋蔥、蒜瓣和蘑菇丁，慢火翻炒 10 分鐘製成蘑菇餡及醬汁。

4
荷蘭芹洗好切成細末，搗碎麵包心。

 蒜蓉湯

材　　料：蒜 2 個、大洋蔥 1 個、馬鈴薯 3 個、水 500 毫升
　　　　　低脂或全脂奶 500 毫升、鼠尾草葉 2 片
佐　　料：鹽、胡椒粉適量，橄欖油 1 湯匙（新鮮荷蘭芹適量和
　　　　　起司條 30 克可不加）
作　　法：

1
蒜瓣分開，不去
皮，在溫水中
浸泡 10 分鐘。

6
加馬鈴薯、牛奶、
水、鼠尾草、鹽、
胡椒粉，煮沸後
慢火煮 25 分；取
出鼠尾草，上桌。

2
洋蔥去皮、切片，
洗好馬鈴薯，去
皮、切成丁備用。

7
若稍後才用，用前
把蒜蓉湯再加熱，
倒碗中配上新鮮的
荷蘭芹和起司條。

5
加入洋蔥至鍋中
再炒 5 分鐘。

3
瀝乾泡好的蒜瓣，
去皮、去芽、切片
後備用。

4
取 1 大鍋，慢火加
熱橄欖油，加入蒜
片翻炒 10 分鐘。

TIPS
最好用小碗盛蒜蓉湯，並搭配全麥麵包塊，十分美味。

大蒜蛋黃湯 **4** 人份

材　　料：蒜瓣 20 個、雞蛋 3 個、冬粉 50 克

佐　　料：鴨油 1 匙、濃湯塊 1 顆（或雞湯、蔬菜湯 1.5 公升）
　　　　　醋 1 茶匙

作　　法：

1 未剝皮的蒜瓣放入溫水浸泡 10 分鐘，瀝乾、剝皮、去芽、切片。

2 鴨油在鍋中加熱，加入蒜瓣炸至呈現金黃色，放在廚房紙巾上吸油。

3 鍋中的油用廚房紙巾吸乾後，倒入 1.5 公升水和濃湯塊，再放入蒜，慢火煮 25 分鐘。

4 放入冬粉，再煮 4 分鐘（根據實際情況，可適當增減 1 分鐘）。

5 蛋打入小碗後，將蛋白和蛋黃分離，蛋白倒入湯中，輕拌 1 分鐘後，關火。

6 取 1 小碗，倒入蛋黃和醋，再倒入濃湯，一起加到鍋中，待混合均勻後，即可品嘗。

TIPS

大蒜蛋黃湯是法國西南部地區的一道特色菜，因為蒜具有補腎壯陽功效，所以常常在洞房之夜給新婚夫婦飲用。

番茄蒜香燉蛋 4人份

材　　料：蒜 1 個、鮮奶油 500 毫升、雞蛋 4 個、奶油 1 塊
　　　　　羅勒葉適量
佐　　料：鹽、胡椒粉、番茄醬適量
工　　具：4 個小起司蛋糕模子
作　　法：

1
把蒜分開，不要剝皮，放到溫水中泡 10 分鐘。

6
烤好前的 5 分鐘，加熱番茄醬、洗淨羅勒葉。

2
撈出瀝乾，去皮、去芽，切成兩半。

7
蛋羹做好後，從烤箱取出，加些許番茄醬和羅勒葉後完成。

5
預熱烤箱至 180℃。把蛋糕模塗上奶油，加入蛋液，烤 40 分鐘。

3
奶油倒到鍋中，並加入蒜瓣，煮滾後轉小火煮 10 分鐘。

4
雞蛋打散，將煮好的奶油與蛋液拌均勻，撒上鹽和胡椒粉。

TIPS

為了使番茄蒜香燉蛋成色更誘人，從模子中取出時，可在周圍加上番茄醬，並用羅勒葉裝飾。

蒜香麵包  **4** 人份

材　　料：硬麵包（法式長棍、全麥麵包）150 克、蒜瓣 4 個
佐　　料：鹽、胡椒粉適量，橄欖油 4 湯匙
作　　法：

1
蒜瓣剝好、去芽，用搗蒜器搗碎，加入橄欖油、鹽、胡椒粉，作成蒜泥橄欖油醬。

5
取出烤箱中的麵包，靜置在廚房紙巾上一會即可。

2
麵包切小塊放盤中，加作法 1 的蒜油醬拌勻。靜置 30 分，待麵包充分吸收蒜油醬。

4
將入味的麵包放進烤箱，烘烤 10 分鐘。（5 分鐘要翻面烤，注意時間，以免烤焦。）

3
加熱烤箱，溫度設置 200℃。烤盤鋪上料理紙。

TIPS

蒜香麵包無論是搭配冷湯、熱湯、凱撒沙拉、烤蔬菜，還是簡單當作餐前開胃小菜，都十分可口。

番茄起司蒜泥沙拉 **4** 人份

材　　料：大番茄 4 個、水牛起司球 2 個、小蒜莖 2 根
佐　　料：鹽、胡椒粉適量，初榨橄欖油 4 匙
作　　法：

1

番茄洗淨切片，起司球切片。

2

小蒜莖洗淨，剁碎備用（綠色和白色的部分）。

4

滴上橄欖油，然後撒上鹽和胡椒粉即可。

3

切好的番茄片和起司片放到 4 個碟子上，上面撒上剁碎的小蒜莖。

TIPS

也可以在番茄起司蒜泥沙拉中加入幾片新鮮羅勒葉。

野蒜湯　 **4** 人份

材　　料：野蒜葉 50 克、馬鈴薯 300 克、洋蔥 1 個
　　　　　鮮奶油 50 毫升、水 1 公升
佐　　料：鹽、胡椒粉適量，橄欖油 1 匙、蔬菜濃湯 1 塊
作　　法：

1

洋蔥去皮、切碎。

5

一起再煮幾分鐘，加入鮮奶油，撒上鹽和胡椒粉，轉小火燜即可。

2

馬鈴薯洗淨、去皮、切塊。

4

野蒜葉洗淨、切碎，在快要煮好的 5 分鐘前加入鍋中。

3

在鍋中把油燒熱，加洋蔥末，慢火拌炒，再放馬鈴薯塊、蔬菜湯塊和水，小火煮約 20 分。

主菜、配菜

 蒜香羊腿　**4人份**

材　　料：優質羊腿 1 公斤、蒜 1 個、月桂葉幾片
　　　　　新鮮迷迭香和百里香幾枝、50 克軟奶油
佐　　料：鹽、胡椒粉適量，橄欖油 2 匙
作　　法：

1 烤箱預熱到 200℃。

2 剝開蒜，把其中 4 ～ 5 片蒜瓣剝皮、切片，其他未剝皮的備用。

3 羊腿放烤盤上，切些小口放入蒜片，表面刷奶油和橄欖油，加入百里香、迷迭香和月桂葉。

4 在盤子的底部倒 1 杯水，放入未剝皮的蒜瓣，撒上鹽和胡椒粉。

5 烘烤約 1 小時，可以反覆的把盤子中的烹調汁澆到羊腿上，使肉更入味。

TIPS

羊腿要是烤好了，可以用一大張鋁箔紙把它包裹上，靜置 10 分鐘，肉質會更鮮美。

小豌豆起司蒜泥麵

材　　料：義式麵食（如通心粉等）250 克
　　　　　冷凍豌豆 200 克、小蒜 2 個、起司 100 克
佐　　料：粗鹽、胡椒粉適量，橄欖油 2 匙
作　　法：

1
小蒜洗淨、切碎。

5
瀝乾麵條後，盛到盤子中，撒上鹽、胡椒粉，滴幾滴橄欖油，配上起司即可。

2
煮 1 鍋水，加入粗鹽、義式麵食、豌豆，煮約 12 分（時間根據包裝袋的烹調時間）。

4
麵煮好前 1 分鐘，水中加入碎蒜末。

3
起司用削皮器或小刀切成細末。

TIPS

冷凍豌豆通常要煮 11 ～ 12 分鐘，為了烹飪更方便，最好選用烹調時間一樣的義式麵食，如通心粉。

義大利蛤蜊麵

材　　料：蛤蜊 700 克、義大利麵 250 克、蒜瓣 4 個
　　　　　荷蘭芹 1 把
佐　　料：橄欖油 1 匙、粗鹽 2 匙
作　　法：

1
1 匙粗鹽加入水中，蛤蜊洗淨後放入鹽水浸泡 15 分鐘。

2
在沸水中，加入另 1 匙粗鹽，並根據包裝袋上的烹調時間將義大利麵煮熟。

3
荷蘭芹洗淨切碎。

4
蒜瓣去皮、去芽，剁成蒜末。

5
鍋子熱橄欖油，加入蛤蜊適當拌炒至蛤蜊張開，最後放入蒜和荷蘭芹，混合均勻。

6
義大利麵煮好撈出、瀝乾水份，加入蛤蜊等料即可上桌。

33 片蒜瓣雞　 **4**人份

材　　料：光雞 1 隻、蒜瓣 33 片（大約 2 ～ 3 個蒜）
　　　　　奶油 30 克、香草束 1 把、月桂葉 2 片
　　　　　百里香 1 棵、麵包（如吐司）4 片
佐　　料：鹽、胡椒粉適量
作　　法：

1

在雞肚裏撒入鹽和胡椒粉，然後用香草束擦雞肉，沾上香草的味道。

6

雞肉搭配 33 枚蒜瓣食用，可用手將整隻雞的肉撕下，夾到麵包中食用。

2

準備好蒜瓣，不要去皮。

5

烤好麵包片（吐司）。

3

在鍋內加熱奶油，放入雞肉，每面煎至金黃色，加入未剝皮的蒜瓣、月桂葉和百里香。

4

蓋上鍋蓋，用中火約煮 40 分鐘，中途不要打開鍋蓋。

TIPS

33 個蒜瓣雞是法國西南部地區的一道特色菜，有時這道菜也會用 40 個蒜瓣。

鮮蒜葉夏南瓜蛋餅

材　　料：雞蛋 8 個、新鮮蒜葉適量、夏南瓜 2 個
佐　　料：鹽、胡椒粉適量，奶油 2 匙、橄欖油 1 匙
作　　法：

1
夏南瓜洗淨，除去兩端切成小塊。

5
蛋液倒入鍋中，小火煎炒即可。

2
新鮮蒜葉洗淨，切成小段。

4
把雞蛋和鮮奶油打到大碗中，撒上鹽和胡椒粉拌勻。

3
在鍋中小火燒熱橄欖油，加夏南瓜塊和蒜葉，翻炒大約 6 ～ 7 分鐘，炒到夏南瓜略脆為佳。

蒜蓉奶油火腿蛋糕

材　　料：麵餅 1 張、小蒜 2 個、培根 100 克、雞蛋 3 個
　　　　　鮮奶油 20 毫升
佐　　料：鹽、胡椒粉適量
作　　法：

1 把小蒜洗淨，剁碎備用（綠色和白色的部分）。

6 把蒜末和培根加到做好的麵餅上，再倒上打好的蛋液。烘烤大約 25 分鐘。

2 在不沾鍋中，小火煎培根，並加入蒜末，慢慢入味煎大約 10 ～ 12 分鐘。

7 趁熱搭配新鮮的沙拉和橄欖油食用。

5 雞蛋打散後，倒入鮮奶油，撒上鹽和胡椒粉。

3 攤開麵餅，放到已鋪烤箱用料理紙的烤盤上。

4 預熱烤箱到 180℃。

醬料、調味料

 蒜球 **4**人份

材　　料：蒜瓣 16 片、雞蛋 1 個、橄欖油 2 匙、麵包屑 3 匙
作　　法：

1 蒜瓣剝好。

2 在小碗中打發雞蛋，倒入 1 匙橄欖油。

3 剝好的蒜瓣沾取橄欖油蛋液，然後裹上麵包屑。

4 在煎鍋中把油燒熱，放入蒜球，煎 3 ～ 4 分鐘。

5 取出後，放到廚房紙巾上吸乾油即可。

TIPS
最好搭配肉類一起食用。

 野蒜醬　4人份

材　　料：野蒜葉 100 克、橄欖油 10 毫升、鹽 10 克
作　　法：

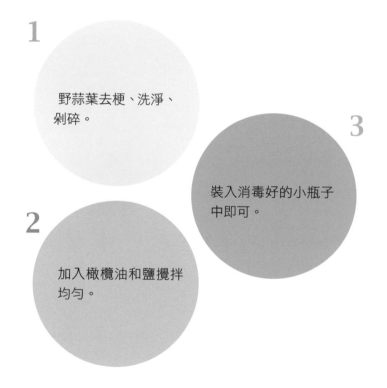

1　野蒜葉去梗、洗淨、剁碎。

2　加入橄欖油和鹽攪拌均勻。

3　裝入消毒好的小瓶子中即可。

TIPS

- 野蒜醬可以保存 12 個月左右，不過一旦打開，就要立即食用。
- 可以搭配麵食和烤麵包。

奶油蒜醬 **6** 人份

材　　料：軟奶油 125 克、蒜瓣 12 片、蔥 3 根
　　　　　香草 1 小把、橄欖油 1 茶匙，鹽、胡椒粉適量
作　　法：

1
蒜瓣去皮、去芽。

2
蔥去皮、切碎。

4
香草洗淨、切碎，加入到作法 3 做好的醬，即完成新鮮蒜醬。

3
蒜瓣放到沸水中煮 4 ～ 5 分鐘，瀝乾後與蔥、奶油、橄欖油混合。

TIPS

奶油蒜醬可以在冰箱冷藏室中保存多天，也可以放到冷凍室保存。食用時，最好搭配肉或烤魚，還可以用這個醬來做著名的法餐——香蒜焗蝸牛。

黎巴嫩式蒜醬 **6** 人份

材　　料：蒜 2 個、橄欖油 4 匙、檸檬汁少許、鹽適量
作　　法：

1

蒜剝開、去皮、去芽，放到熱水中煮 5 分鐘。

2

撈出瀝乾水，加入橄欖油、檸檬汁和少許鹽，便完成醬料。

TIPS

- 最好當天儘快食用，最晚不能超過第二天。
- 此醬料既可以作為肉類、烤雞的搭配佐料，也可以當餐前搭配麵包的開胃菜。

蒜香蛋黃醬

材　　料：10 個蒜瓣、初榨橄欖油適量、鹽適量

作　　法：

1

蒜瓣去皮，加少許鹽，取一個蒜臼，把蒜瓣搗成蒜泥。

2

一滴滴加入橄欖油，攪拌均勻後即可。冷藏保存。

TIPS

・　其實道地的蒜香蛋黃醬並不加蛋黃，雖然很難做，但是卻更好。

・　不論是搭配鱈魚，還是煮熟的雞蛋和蔬菜，蒜香蛋黃醬都是必不可少的佐料。

羅勒蒜醬 4人份

材　　料：蒜瓣 4 個、新鮮的羅勒葉 1 束
　　　　　　初榨橄欖油 10 毫升、鹽適量
作　　法：

1

羅勒葉摘下、洗淨。

3

把蒜末、羅勒葉、橄
欖油和少許鹽拌在一
起，拌勻即可。

2

把蒜瓣去皮、去芽、
切碎。

TIPS

· 　也可以用傳統的方法做羅勒蒜醬，用蒜臼和棒槌把材料搗成醬。

· 　羅勒蒜醬既適合拌麵，也適合搭配魚和肉類。

附錄
蒜與家居

驅蟲防潮

蒜還是家庭實用好物！還在為家中那些討厭的昆蟲而苦惱嗎？丟掉手中那些對環境和健康有害的化學用品吧！消滅它們，只需要蒜泥，100% 天然、有效、經濟實惠！大蒜還可以對付食品中的蚜蟲，以及保護綠色植物等。

 ## 驅除害蟲

家中如果出現了討厭的昆蟲，很令人苦惱。怎麼辦？當然要消滅它們！專用驅蟲藥雖然效果很好，然而對環境和健康有害，丟掉這些化學用品吧！只需要 100% 天然、有效、經濟實惠的蒜泥就能解決。

作　法：

1　燒開 2 公升水。
2　剁碎兩頭大蒜，並放入開水中。
3　把它蓋上並泡製一晚上。
4　把蒜泥漿過濾到噴霧器中。

TIPS

每兩天往家中的植物上噴灑一些，驅除害蟲。

防蟲防潮

還在為家中的櫥櫃和儲藏的糧食會生小蟲子而苦惱嗎？現在可以採取好的辦法來對付牠們了。

只要在櫃子裏放些大蒜，就可以有效地防蟲防潮，而且 100% 全天然。現在很多人用大蒜防蟲法來儲藏糧食，只要你不反感櫃子中的大蒜味。

作　　法：

· 把未剝皮的大蒜分成兩半後，放到櫃子中。每二、三個星期換一次新的。
· 也可把蒜瓣切成小薄片，用小碗裝好，放在櫃子裏。
· 還可以用大蒜油，倒 2 滴到一個有孔的石頭上，然後把石頭放到小碗中，一起擺在櫃子裏。
· 使用以上方法，定期的清理櫥櫃。

保護綠色植物

 防止貓咬植物

小貓總時不時地咬綠色植物？有了大蒜，再也不需把綠色植物放到小貓碰不到的角落裏，在家中保護這些綠色植物變得輕而易舉。原因是小貓討厭大蒜的氣味！保證以後小貓再也不會去碰那些綠色植物了。

作　法：

1　先燒開 1 公升水，燒水時，剁碎 6 個蒜瓣。

2　把剁好的蒜泥扔到沸水中，蓋上蓋子，泡一晚上。

3　第二天，過濾一下後，把蒜和水的混合液體倒到噴霧器中，定期給植物澆水。

TIPS

這也是驅除蚜蟲的好方法。

 蒜二三事

栽培大蒜

如果發現蒜開始發芽，那麼把它們放到花園的土壤中，耐心等待。剛開始幾個星期，綠色的莖會一點點長出，這就是大蒜莖。法國西南部地區使用的調味品中，有食用大蒜莖的方法。

也可以直接在透氣好、陽光足的土壤中或花園裏栽培大蒜，秋末是最佳季節。先準備一頭優質大蒜，選出其中大的蒜瓣，最好是有機的。種好後，到了第二年夏天，莖的頂端一點點變暗，就可以開始收穫了。

最後，把收好的大蒜烘乾。

品味生活 系列

健康氣炸鍋的美味廚房：
甜點×輕食一次滿足

陳秉文　著／楊志雄　攝影／250元

健康氣炸鍋美味料理術再升級！獨家超人
氣配件大公開，嚴選主菜、美式比薩、歐
式鹹派、甜蜜糕點等，神奇一鍋多用法，
美食百寶箱讓料理輕鬆上桌。

營養師設計的82道洗腎保健食譜：
洗腎也能享受美食零負擔

衛生福利部桃園醫院營養科　著
楊志雄　攝影／380元

桃醫營養師團隊為洗腎朋友量身打造！內容兼
顧葷食＆素食者，字體舒適易讀、作法簡單好
上手，照著食譜做，洗腎朋友也可以輕鬆品嘗
美食！

健康氣炸鍋教你做出五星級各國料理：
開胃菜、主餐、甜點60道一次滿足

陳秉文　著／楊志雄　攝影／300元

煮父母＆單身新貴的料理救星！60道學到賺到的
五星級氣炸鍋料理食譜，減油80%，效率UP！健
康氣炸鍋的神奇料理術，美味零負擔的各國星級
料理輕鬆上桌！

嬰兒副食品聖經：
新手媽媽必學205道副食品食譜

趙素瑩　著／600元

最具公信力的小兒科醫生＋超級龜毛的媽媽同
時掛保證，最詳盡的嬰幼兒飲食知識、營養美
味的副食品，205道精心食譜＋900張超詳細步
驟圖，照著本書做寶寶健康又聰明！

品味生活 系列

首爾糕點主廚的人氣餅乾：
美味星級餅乾×浪漫點心包裝＝
100分甜點禮物
卞京煥　著／280元

焦糖杏仁餅乾、紅茶奶油酥餅、摩卡馬卡龍……，超過300多張清楚的步驟圖解說，按照主廚的步驟step by step，你也可以變身糕點達人！

燉一鍋×幸福
愛蜜莉　著／365元

因意外遇見一只鑄鐵鍋，從此愛上料理的愛蜜莉繼《遇見一只鍋》之後，第二本廚房手札。書中除了收錄她的私房好菜，還有許多有趣的廚房料理遊戲和心情故事。

遇見一只鍋：愛蜜莉的異想廚房
Emily　著／320元

因為在德國萊茵河畔的Mainz梅茵茲遇見一只鍋，Emily的生活從此不同。這是Emily的第一本著作，也是她的廚房手札，愛蜜莉大方邀請大家一起走進她的異想廚房，分享生活中的點滴和輕鬆料理的樂趣。

果醬女王Queen of Confiture
于美瑞　著／320元

耐心地製作果醬，將西方的文化帶入臺灣，做出好吃的果醬，是我的創意和樂趣。過了水果產季，還是能隨時品嘗到水果的美味食物，果醬的存在怎麼不令人雀躍呢？所以我想和大家分享，這麼原始又單純的甜美和想念的滋味。